BEI GRIN MACHT SICH IHR WISSEN BEZAHLT

- Wir veröffentlichen Ihre Hausarbeit, Bachelor- und Masterarbeit

- Ihr eigenes eBook und Buch - weltweit in allen wichtigen Shops

- Verdienen Sie an jedem Verkauf

Jetzt bei www.GRIN.com hochladen und kostenlos publizieren

Bibliografische Information der Deutschen Nationalbibliothek:

Die Deutsche Bibliothek verzeichnet diese Publikation in der Deutschen National-
bibliografie; detaillierte bibliografische Daten sind im Internet über http://dnb.d-
nb.de/ abrufbar.

Impressum:

Copyright © 2009 GRIN Verlag, Open Publishing GmbH
Druck und Bindung: Books on Demand GmbH, Norderstedt Germany
ISBN: 9783640488810

Dieses Buch bei GRIN:

http://www.grin.com/de/e-book/139952/die-weltformel

Dipl. Math. Dipl. Inf. Theodor Hellmehl

Die Weltformel

Eine Weltformel oder eine Theorie von Allem

GRIN Verlag

Die Weltformel

Eine Weltformel, oder eine Theorie von Allem (TOE, Theory Of Everything) ist eine hypothetische Theorie die zusammen alle bekannten Phänomene gänzlich erklärt und verknüpft.

1. Einleitung

Es ist keine einfache Aufgabe die grundlegende Theorie oder Formeln zu beschreiben, die für alle Gebiete und Bereiche gültige Ergebnisse liefern sollten, insbesondere wenn es versucht wird, auf eine falsche Basis aufzubauen. Es ist allgemein bekannt, dass man mit den richtigen Ansätzen für die richtige Basis schon die Hälfte des Problems gelöst hat. Wenn wir versuchen die gesamten uns schon bekannten Umgebungen zu analysieren, kommt man schnell zu einer Schlussfolgerung, welche schon im Artikel „Modell des Universum" präsentiert wurden. Es wurde eine Flockentheorie vorgestellt und es wurde versucht, als unabhängiger Beobachter einen Blick auf unsere Umgebung zu werfen, um herausfinden, was als Basis für Alles dienen könnte.

Mit dieser Einstellung versuchen wir zu verstehen: Was bewegt das Element bzw. Ereignis sich so zu entwickeln, dass es sich zu umfangreicheren Zusammenspielen vielseitiger Elemente und Ereignisse erschafft.
Unsere Kenntnisse der Mikro- bzw. Makrowelt sind innerhalb des letzten Jahrhunderts gegenüber den vorigen Jahrhunderten drastisch gestiegen. Es ist auch davon auszugehen, dass es sich so weiter entwickeln wird.

Wie es so schön heißt: "Es liegt im Auge des Betrachters" wie mit dem gesamten Wissen umgegangen und manipuliert wird.

Bevor wir uns mit der Weltformel beschäftigen, sollten wir zuerst mit einer Einführung beginnen.

Zuerst werden die „Flocken" aus der Flockentheorie vorgestellt und erklärt.

Wie allgemein bekannt ist, hat Einstein die Energie und die Materie durch seine Formel

$$E = mc^2$$

verknüpft, d.h. dass auch aus einer bestimmten Menge Energie eine bestimmte Menge Materie gebildet werden kann.

$$m = E/c^2$$

Als Schlussfolgerung könnte man behaupten, dass alles Energie ist, weil alles aus Energie entsteht. Selbst Vakuum ist eine Energie, bzw. ein energetischer Zustand. Weiterhin spielt es keine Rolle, ob wir von Mikro- oder Makrowelt sprechen. Energie, egal in welchem Zustand, existiert in einem energetischen Raum **R**. Die Materie ist lediglich ein spezieller Zustand der Energie. Lesen Sie dazu die Abhandlung des Autors "Modell des Universum".

Nun kommen wir zu den „Flocken". Eine Flocke ist das allerkleinste Element, was aus einer minimalen Energiemenge gebildet werden kann.

Alles was von außen empfangen werden kann oder nach außen ausgestrahlt werden kann bezeichne ich als Informationsempfang bzw. Informationssendung. Ob es sich um magnetische, elektrische oder andere Aktivitäten handelt, ist zunächst einmal nebensächlich.

Eine Flocke F_L ist eine Einheit welche:

-Informationen empfängt, nach außen jedoch nichts abgibt. Der innere Zustand kann verändert werden aber unverändert bleiben.

-Keine Informationen empfängt bzw. ignoriert, jedoch nach außen Informationen abgibt.

-Informationen empfängt, diese verarbeitet, und Informationen nach außen abgibt.

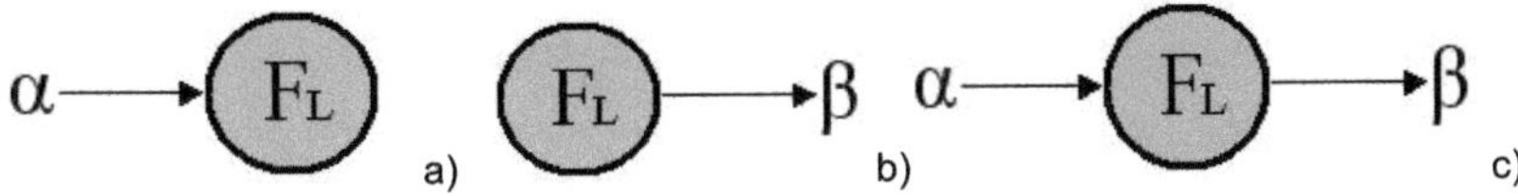

Abbildung 1

In Abbildung 1a), b) und c) werden alle drei Basis-Flockenvariationen dargestellt.
In normalisierter Form können α und β Werte zwischen -1 und 1 annehmen.
α steht für Eingangsinformation und β für Ausgangsinformation.

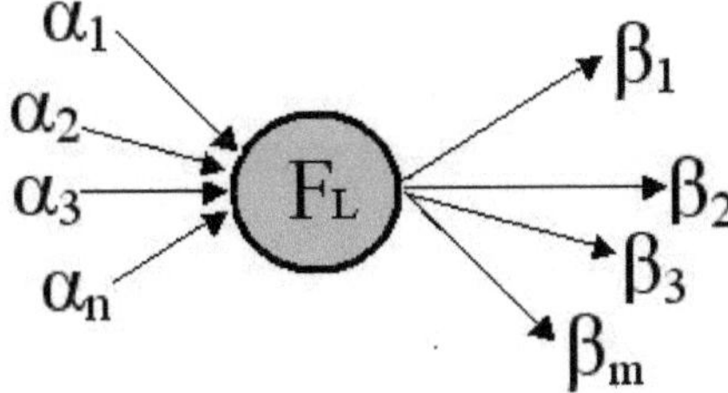

Abbildung 2

Abbildung 2 zeigt eine mögliche Konfiguration. F_L könnte **n** Einflüsse von außen empfangen und **m** Aktivitäten nach außen weiter geben. Die Flocke F_L selbst kann Einflüsse von außen innerlich transformieren (überarbeiten), unverändert oder modifiziert weiter geben.

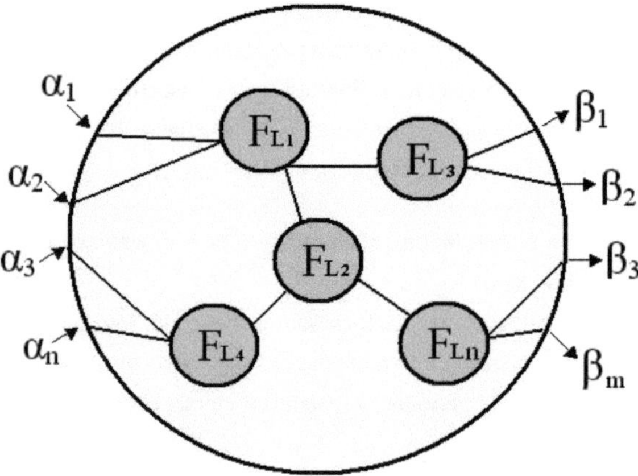

Abbildung 3

Aus den oben beschriebenen elementaren Elementen bilden sich weitere komplexere Kombinationen und Konstruktionen in Form von Feldnetzmustern, wir können solche Gebilde als **Megaflocken (M$_F$)** bezeichnen. Auch Megaflocken könnten **n** Einflüsse von außen bekommen und **m** Einflüsse nach außen weiter geben. Diese Megaflocken können sich untereinander vernetzen und letztendlich unterschiedliche elementare physikalische Teilchen präsentieren. Einige Teilchen wurden schon entdeckt und reichlich studiert, andere warten noch darauf entdeckt zu werden.

$$\underset{F}{\overset{e^-}{\Omega}}M_F \longrightarrow e^- \qquad \underset{F}{\overset{e^+}{\Omega}}M_F \longrightarrow e^+$$

a)   b)

Mit **a)** wird ein Elektron und mit **b)** Positron dargestellt. Ω – bezeichnet eine Union von Megaflocken zu der einen oder anderen elementaren Einheit. Sehr wichtig und entscheidend ist, dass jedes Gebilde wieder als Einheit auftritt und diese Einheit als Empfänger innere Verarbeitung und Weitergabe von Informationen erledigt. Wie gesagt, unter Information werden alle möglichen Einflüsse von außen und die Auswirkungen nach außen verstanden. Megaflocken-Strukturen ähneln in ihrem Verhalten denen von neuronalen Netzen wie man sie in der Hirnforschung bzw. in der Informatik aus der künstlichen Intelligenz her kennt.
Das Photon als bestes Beispiel für so eine Megaflocke verhält sich immer unterschiedlich je nach Umfeld, mal wie ein Teilchen mal wie eine Welle.

Dazu passt sehr gut folgende Aussage: „Nur so eine Theorie ist gut und hat Recht auf ihre Existenz, wenn sie sich wieder in der Natur findet".

Soweit so gut. Es kann behauptet werden, dass diese Voraussetzungen und Ansätze unserem jetzigen Wissen nicht widersprechen, sondern reiche Möglichkeiten bieten unsere Kenntnisse viel flexibler zu gestalten.

1.1 Energietransformation T(E)

Ebenfalls ist es wichtig einige energetische Eigenschaften zu besprechen.

Dabei wenden wir uns zuerst der **Energietransformation** zu. Transformieren heißt umwandeln. Zu berücksichtigen ist auch, dass Energietransformation kein Verlust der Energie bedeutet. Dies geht aus der Formel

$$E = T(E)$$

hervor. Dies bedeutet, dass die gesamte Energiemenge immer die gleiche ist, egal welche Transformation stattfindet. Wie Sie bis jetzt erkennen, reden wir bis zu diesem Punkt von Energie im Allgemeinen, ohne auf die Energiearten eingegangen zu sein. Einige Energiearten kennen wir schon ganz gut und können sie deshalb an unseren Bedarf anpassen, andere kennen wir sehr wahrscheinlich überhaupt noch nicht.

Hier sei beispielsweise unser allseits gebräuchliches Wasser zu erwähnen.

Wasser im üblichen Aggregatzustand ist flüssig, bzw. in Tropfenform. Je nach Menge des Vorkommens können wir es bis zum feinsten Nebel zersprühen, bis zum Dampf erhitzen oder es als Eis oder Schnee gefrieren lassen. Wasser bleibt immer Wasser in derselben Menge bei einem Zurückversetzen in den ursprünglichen Zustand. Auch Energiearten weisen die gleichen Charakteristika hinsichtlich der unterschiedlichen Zustände auf.

Um den Energiekreislauf zu beschreiben, konzentrieren wir uns auf das Wasser. Ähnlich wie den Wasserkreislauf (Verdunstung, Regen, fließendes Wasser; wieder Verdunstung, Regen, fließendes Wasser usw.), welcher uns schon aus der Schule bekannt ist, kann man sich die Energie im energetischen Raum vorstellen. Ob es die Erde ist, der gesamte Kosmos oder "ein Kochtopf", spielt keine Rolle.

1.2. Bewegung

Ein weiterer sehr wichtiger Begriff ist die **Bewegung**. Ohne Bewegung könnten wir wohl kaum von Energie reden, wie wir sie kennen. Philosophisch gesehen, kann nichts ohne Bewegung existieren. Sie ist eine Form der Existenz, ohne die keine Entwicklung stattfinden kann.

1.3. Entwicklung

Womit wir beim nächsten wichtigen Begriff wären. **Entwicklung (W)** findet meist fließend und allmählich statt, der Einfachheit halber versuchen wir trotzdem, dies in Entwicklungsschritten oder - stufen abzuarbeiten. Entwicklung bedeutet auch Veränderung. Hierzu eine Formel, die festlegt, dass während eines Entwicklungsprozesses die gesamte Energie konstant bleibt.

$$E=W(E)$$

Der Entwicklungsprozess ist eine Bewegung einerseits, andererseits jedoch auch eine Folge der Transformationen. Hierzu eine Formel, welche die Entwicklung darstellt,

$$W = T_n(T_{n-1}(T_{n-2}(....))) \text{ oder } W = \Omega\ (T_j)$$

Inzwischen haben wir uns mit der Energie als solche und der Art der Energie, der Transformation, dem Kreislauf, der Bewegung und der Entwicklung befasst.

1.4. Zeit

Die Zeit wurde zwar ausführlich in dem Artikel „Modell des Universums" beschrieben, doch nach mehreren Anfragen soll es hier noch einmal bildlich erklärt werden. Lange Zeit ist davon ausgegangen worden, dass die Zeit für das gesamte Universum eindeutig und für alle gleich ist. Bildlich lässt es sich das in Abbildung 4 folgendermaßen darstellen. Die Ellipse stellt dabei das gesamte Universum dar. Dieses Ganze besitzt eine allgemeingültige Zeit, die durch die Uhr innerhalb der Ellipse symbolisiert wird.

Abbildung 4

Mit der Relativitätstheorie wurde die alte Vorstellung über die Zeit verändert. Dies bedeutet, dass der gesamte Zeitraum deformiert bzw. verformt wurde und nun von anderen unterschiedlichen Faktoren abhängig gemacht wurde. Der gesamte Zeitraum ist relativ geworden. In Abbildung 5 ist der relative Zeitraum folgendermaßen dargestellt: Die Abbildung zeigt, dass in jedem Punkt des Universums eine unterschiedliche Zeit vergeht.

Diese unterschiedlichen Zeitangaben waren jedoch miteinander verbunden. Es vergehen zwar verschiedene Zeiten beim Beteiligten sowie beim Beobachter, diese hängen jedoch in einem bestimmten Maße zusammen.

Abbildung 5

Aufbauend auf der Theorie von Einstein soll nun die neue These formuliert werden, dass die Zeit wenig Bezug zum Raum hat und die 4. Dimension im klassischen Sinne nicht repräsentiert. Sie bezieht sich auf das Ereignis selbst. Abbildung 6 stellt dies bildlich dar. Hierbei besteht keine Verbindung zwischen den unterschiedlichen Uhren, sondern sie sind vollkommen getrennt von einander zu betrachten.

Abbildung 6

Zeit (t) - ist der Faktor, wenn es darum geht, Entwicklungen, Veränderungen, Kommunikationen und andere "Aktivitäten" zu bestimmen, bzw. zu errechnen. Zeit ist kein allgemeingültiger Begriff. Jedes Ereignis hat seine eigene Zeit. Dass Zeit relativ ist bzw. unterschiedlich pro Beobachter bewertet wird, wurde oben bereits beschrieben. Wie die eine Zeit zu einer anderen steht, ist für uns nicht entscheidend. Entscheidend ist die Tatsache, dass die Zeit überall unterschiedlich abläuft, ohne eine Auswirkung auf die anderen Zeiten zu haben.

Die Zeit ist lediglich die Eigenschaft eines Ereignisses unabhängig davon in welchem Raum bzw. an welchem Ort das Ereignis stattfindet. Verwenden wir für die Zeit die Formel

$$t = t_1 - t_0$$

wobei t_0 der Anfang und t_1 das Ende darstellen. Das Ereignis hat eine Existenzzeit, bzw. Entwicklungszeit.

Daraus lässt sich im Gegensatz zu einigen Behauptungen schließen, dass die Zeit nicht die vierte Dimension ist, sondern lediglich den Eigenschaften der Ereignisse beizuordnen ist. Wie wir bereits abgehandelt haben, steht Zeit immer im Zusammenhang mit Entwicklungen, Bewegungen, Veränderungen etc.

1.5. Kommunikation

Kommunikation, stammt aus dem Lateinischen "communicare", teilen, mitteilen, teilnehmen (lassen), vereinigen, gemeinsam machen, wechselseitig agieren, austauschen etc. Hier verstehen wir das Zusammenspiel, die Abhängigkeit und den Austausch zwischen zwei oder mehreren (komplexen) Einheiten. In gewissem Maße entsteht durch die **Kommunikation** ein Einfluss.

Zu erkennen, dass eine Kommunikation zwischen zwei Lebewesen (z.B. zwischen Menschen) stattfindet, ist wohl das geringste Problem. Wir kommunizieren auf verschiedenste Weise. Informationsaustausch findet einerseits durch Sprache, Bild, Schrift etc. statt. Andererseits jedoch auch durch jegliches Interagieren von zwei Körpern ohne das Hinzuziehen von den eben genannten Kommunikationsinstrumenten (z.B. Krankheits-erregeraustausch, Zusammenstoß von zwei Kugeln). Zusätzlich entsteht Kommunikation sogar in Fällen der Nicht-Interaktion zwischen zwei Körpern („Man kann nicht nicht kommunizieren" [Paul Watzlawick]).

Mit Hilfe von zahlreichen weiteren Mitteln finden Kommunikationsvorgänge ebenso bei nicht menschlichen Systemen, Elementen sowie Gebilden statt.

Inwieweit die Kommunikation Bedingung oder Ursache ist, bestimmt das Ereignis. Kommunikation entsteht immer zwischen einem "Sender" und einem "Empfänger".

Einige können auf die Information angewiesen sein, Andere benötigen bzw. verwerten nur Teile davon, wiederum Andere ignorieren die Information schlicht weg. Selbstverständlich finden durch Kommunikation auch Veränderungen, Anpassungen etc. statt. Somit können wir sagen, dass alles was existiert, in verschiedener Weise und mit verschiedenen

Existenzen kommuniziert und / oder durch die Kommunikation Anderer beeinflusst wird. Daraus entsteht ein Komplex der Kommunikationswirkung.

Nun wurden alle wichtigen Ansätze beschrieben und wir können endlich anfangen diese auf einen gemeinsamen Nenner zu bringen und uns der Weltformel zu nähern!

2. Die TOE-Theorie

Viele wissenschaftliche Theorien – von der Quantenphysik über die Relativitätstheorie bis hin zur Stringtheorie – beschäftigen sich eigenständig mit ihrer eigenen interpretierten Weltformel. Jedoch existiert noch keine Einigung darüber, wie bzw. mit was sich die TOE-Theorie beschäftigen muss und was man von ihr erwarten kann.
Einige Wissenschaftler beziehen sich auf das Quant, Andere hingegen auf das String. Wieder Andere besitzen die große Erwartung, eine klare Formel zu entwickeln, die zu allen Fragen Antworten bietet (z.B. zum morgigen Wetter).

In diesem Artikel soll auf diese Problematik der TOE-Theorie genauer eingegangen werden, um Missverständnisse zu vermeiden. Als Bestandteile wird die TOE-Theorie in TOE-Physik und TOE-Mathematik unterteilt.

2.1. TOE-Physik

TOE-Physik oder **Physik der Flockentheorie** genannt, sollte in der Lage sein alle verstreuten und zerstückelten Gebiete in der Physik zusammenzubringen und als Grundlage für alle physikalischen Fachgebiete dienen. TOE-Physik sollte in der Lage sein, die klassische Physik, welche die Zusammenhänge nur teilweise berücksichtigt, sowie die Metaphysik als Erweiterung zu vereinigen. Um ein reales Bild zu beschreiben, reicht es nicht nur aus, mit stark angenäherten und sehr oft idealisierten Komponenten zu arbeiten.
Auch unterschiedliche Religionen vermitteln auf die eine oder andere Weise, dass das gesamte Universum ein System darstellt und das alles – und auch wir – nur einen vorübergehenden energetischen Zustand repräsentieren. Die Energetische Entwicklung sowie der Kreislauf eines Übergangs von einem Zustand zum anderen sind wichtige Ereignisse.
Religionen als auch die Wissenschaft erschaffen immer neue Götter, um ihre Standpunkte zu begründen, Allerdings hat dies zur Folge, dass alle darauffolgenden Überlegungen nicht die Sache selbst, sondern die Götter zum Gegenstand haben. Oft wird zwar davon gesprochen, dass alles ein System darstellt, doch in Wirklichkeit wird diese Tatsache oft einfach missbraucht oder gar ignoriert. Um über ein System zu sprechen, müssen wir auch davon ausgehen, dass wir es mit einem energetischen Raum, welcher eine Einheit darstellt,

zutun haben. Alle materiellen Einheiten als besonderer Zustand der Energie bilden in diesem energetischen Raum materielle Knoten.

Energie erzeugt Felder um sich herum, welche den Raum repräsentieren. Die Energie verbreitert sich in diesem Raum, und erzeugt weitere Felder und somit ebenfalls Raum. Somit könnte man einerseits auch über das Universum, als auch über das Feldnetz in einem energetischen Raum mit materiellen Knoten als besonderen Zustand der Energie sprechen. TOE Physik sollte sich mit Flocken als Baustein des Universums beschäftigen, weil nicht das Element (Quant, String) selbst studiert werden soll, sondern die Aktivitäten zwischen den Elementen. Denn diese Elemente existieren in der Natur niemals identisch. Ein Wassermolekül, welches in eine Lebensform einbezogen ist, stellt nicht denselben Zustand dar, wie ein freies nicht angesprochenes anderes Wassermolekül. Obwohl es sich hierbei um zwei gleiche Elemente (Wassermoleküle) handelt, sind diese jedoch nicht identisch. Selbst bei der Entstehung von Schneeflocken bildet sich ein individuelles Abbild erzeugt durch unterschiedliche sich ständig ändernde Felder, die von mehreren Faktoren abhängig sind. Der Name „Flockentheorie" ist genau aus dieser beschriebenen Tatsache entstanden.

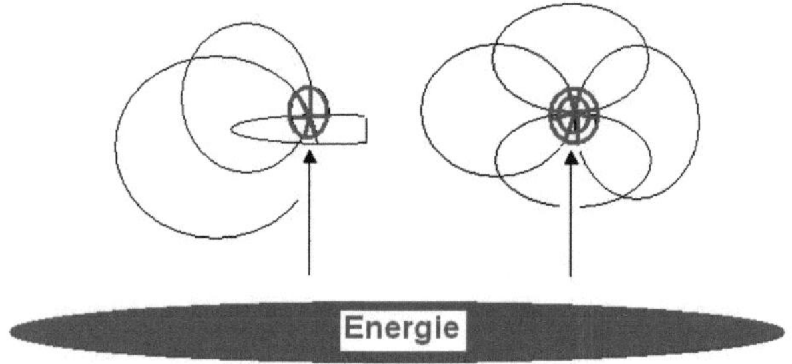

Abbildung 7

Mit Abbildung 7 wird dies bildlich darstellt.

2.2. TOE-Mathematik

Die **TOE Mathematik** oder auch **Mathematik der Flockentheorie** genannt, sollte ein neues mathematisches Gebiet umfassen. Sie dient im Wesentlichen der Unterstützung der Flockentheorie. Dabei basiert die TOE Physik auf der TOE Mathematik. Sie sollte in die Lage sein, die Weltordnung zu beschreiben. Sie beinhaltet fast alle klassischen mathematische Gebiete, aber sie ist sehr stark auf Prinzipien der Neuronalen Netze ausgeprägt.

Gegenstände der TOE Mathematik sind in umfassender Weise die Flocken und deren charakteristische Eigenschaften. Die Eigenschaften der Flocken werden als Eingang, Ausgang und innere Verarbeitung bezeichnet. Es ist sinnvoll, noch einmal zu betonen, dass nicht die Instanz selbst sondern Aktivitäten zwischen Instanzen als Schwerpunkte zu betrachtet und zu studieren sein.

Die **Eingänge** und die **Ausgänge** könnte man als ein System von Funktionen darstellen.

Eingänge stellen die Beeinflussung (physische, biologische, soziale usw.) von Außen dar.

Jeder Einfluss wird als eine Gruppe von Funktionen dargestellt.

Ausgänge dagegen stellen die Beeinflussung (Reaktionen) nach Außen dar.

Innere Verarbeitung kann sehr unterschiedlich aussehen, beginnend mit einfachsten Funktionen bis hin zu Systemen wie man sie von neuronalen Netzen her kennt.

TOE Mathematik studiert den Flockenraum oder besser die Flockensysteme.

Das Flockenprinzip findet in allen Ebenen, Bereichen und Gebieten unseres Universums statt.

Flockenraum ist ein Gebiet der TOE Physik und der TOE Mathematik.

Diese Vorgehensweise macht es möglich, dynamisch (ohne Begrenzung) auch sehr komplexe Systeme zu beschreiben.

Die TOE Mathematik lässt sich je nach Anwendungsbereich noch weiter unterteilen, wie z.B. in Physische, Biologische, Soziale u.s.w. TOE Mathematikbereiche.

Im Gegensatz zur klassischen Mathematik wo 2=2 eindeutig ist, geht die TOE Mathematik auf die Unterschiede beider Zahlen ein, denn 2 Birnen = 2 Birnen gibt es in der realen Welt nicht, da keine Birne einer anderen Birne identisch ist. Die klassische Anwendungsmathematik geht aber genau von dieser Tatsache aus. Für die TOE Mathematik steht weniger die Birne selbst, sondern die Aktivitäten, die mit der Birne zu tun haben im Vordergrund.

3. Der Gegenstand der TOE Theorie

Die TOE Mathematik untersucht die Eigenschaften der Flocken (d.h. Flockenräume), die durch Verbindungen mit anderen Flocken bzw. Megaflocken Instanzen, Gebilde und Systeme bilden.

Dazu gehören die Kommunikation, Transformation, Entwicklung, Bewegung, Vereinigung, Zerlegung eines Gegenstands, sowie deren Abhängigkeit und Zusammenspiel.

Als Beispiel nehmen wir eine Flocke F_L

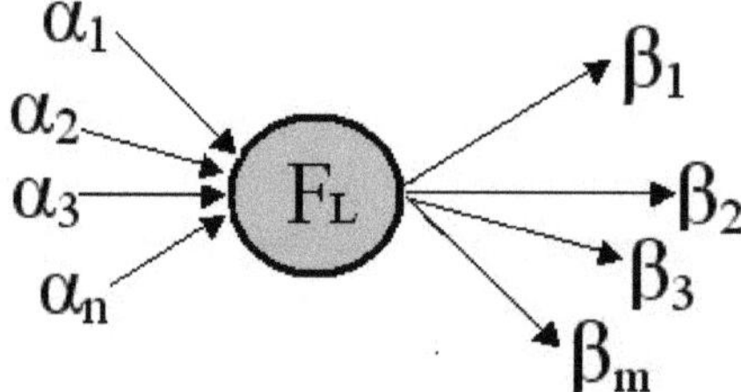

Abbildung 8

Beziehungsweise eine Megaflocke M_L

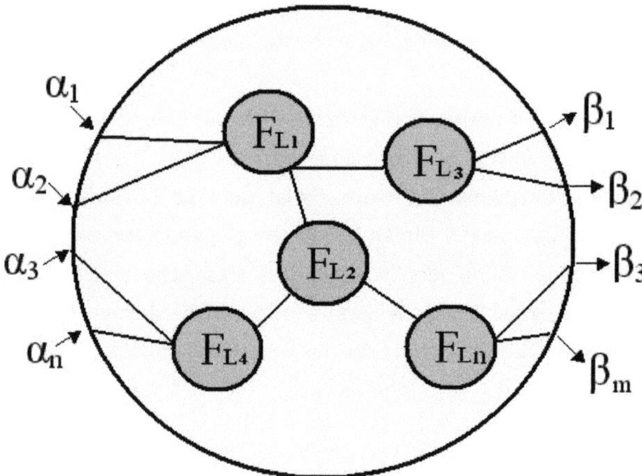

Abbildung 9

Wie man sieht, kann ein Zusammenspiel von mehreren Flocken ein sehr komplexes System darstellen. Es ist auch zu erkennen, dass alle möglichen Systeme oder Konstruktionen sich nachbauen lassen, gleichgültig wie komplex und umfangreich die Originalinstanz ist.

Das ist die wichtigste Voraussetzung zu der TOE-Theorie, um die gesamte Umgebung beschreiben zu können. Bisher hat es nicht funktioniert und es wird in Zukunft ebenfalls nicht möglich sein, die Weltformel vollständig zu beschreiben ohne sich auf eine universelle Einheit zu beziehen.

Es ist nicht erforderlich alle mathematischen Gebiete aufzuzählen, die in der einen oder anderen Weise einbezogen werden sollen, weil alle Bereiche der klassischen Mathematik hierbei ihre Anwendung finden.

Die Flocke steht im Mittelpunk der TOE Mathematik.

Aus der Geschichte ist zu ersehen, dass um in der TOE-Theorie weiterzukommen, eine neue Vorangehensweise erforderlich ist. Obwohl man bereits lange Zeit nach einem Grundelement gesucht hat, konnte man ein solches bis zur heutigen Zeit nicht finden. In der Physik beispielsweise wurde tief in die Materie eingedrungen. Dabei wurde übersehen, dass die Entwicklung nicht das Element beschreibt bzw. bestimmt. Irrelevant ist, hierbei wie dieses Grundelement genannt wird, wie klein es sein mag, ob es weiter zerlegbar ist usw. Entscheidend sind nur dessen Aktivitäten, denn sie sind verantwortlich für alles.

Nur Aktivitäten sowie Kommunikation, Austausch, Transformationen sind dafür verantwortlich, dass sich die Welt so entwickelt hat, wie wir sie heute betrachten können.

Dabei sind Elemente oder Systeme von Elementen nur Träger bzw. Repräsentanten der Wirkung von Aktivitäten. Diese Repräsentanten sind wiederrum Ausgangspunkt für neue Aktivitäten, die ihrerseits wieder die alten Repräsentanten in neue Zustände verwandeln.

Der Begriff der „Focken" wurde genau deswegen gewählt, weil es in der Natur keine genau gleichen Schneeflocken gibt. Das gleiche gilt auch für elementare Teilchen, welche sich aus Energie gebildet haben. Eine Flocke ist das Grundelement sowohl für die TOE Physik als auch für TOE Mathematik.

Somit ergibt sich eine TOE Theorie, die beide Gebiete vereinigt.

Die Flockentheorie stellt ein Objekt viel genauer und vielseitiger dar, als die klassischen Fächer.

Eine Flocke ist nicht gleich sich selbst, wenn sie von einer Umgebung in eine andere Umgebung versetzt wird. Das heißt, dass ein Objekt in der Flockentheorie nicht isoliert sondern im Zusammenhang mit Innerem und äußerem Zustand betrachtet wird. Ein Objekt passt sich ständig seinem Umfeld an. Wie Philosoph Heraklit schon sagte: „Man kann nicht zweimal in denselben Fluss steigen".

Als Beispiel betrachten wir eine Flocke, welche nur zwei Eingänge bekommt.

Die Eingänge können die Werte **True** oder **False** annehmen. Abhängig vom inneren Zustand der Flocke kann das Ergebnis mal **False** oder mal **True** ergeben.

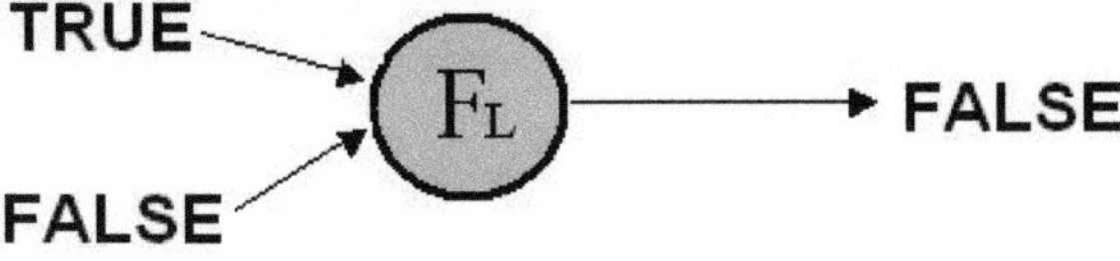

Abbildung 10

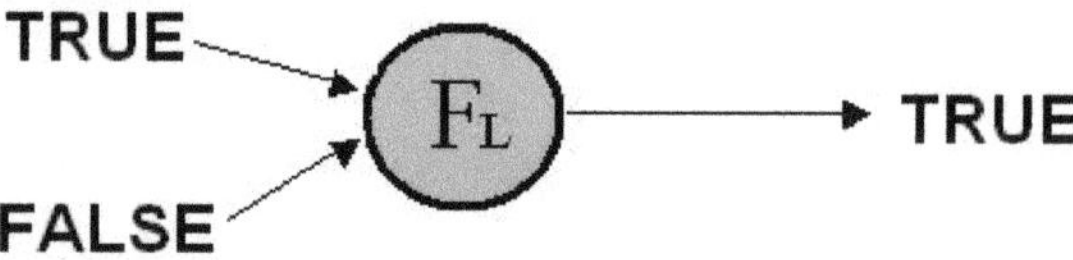

Abbildung 11

Wenn man davon ausgeht, dass eine Flocke mehrere Eingänge und Ausgänge besitzen kann, erkennt man sehr schnell, dass sich durch die Kombination vieler Flocken, die sich zu Megaflocken vereinigen sehr komplexe Systeme entstehen können.

Eingänge und Ausgänge können als Boolesche Werte, Zahlen oder Funktionen dargestellt werden. Damit sind alle möglichen Situationen leichter zu berücksichtigt und man kann so viel besser die reale Umgebung beschreiben.

Flocken sind also als Menge ununterscheidbar, solange man sie nur als Ansammlung von Elementen betrachtet, ohne deren Eigenschaften und Beziehungen zu berücksichtigen. Zwei unterschiedliche Mengen unterscheiden sich hinsichtlich ihrer topologischen Struktur. Bei Zahlen in der Arithmetik liegen alle Punkte isoliert vor, im Gegensatz dazu hat jede Flocke seine Umgebung. Deshalb gibt es keinen Homöomorphismus zwischen zwei Flocken.

In unserem Beispiel haben wir das auch dargestellt.

Während die beiden obigen Beispiele den Begriff des Ergebnisses verwenden, besteht die Leistung der Flocken darin, dass das Ergebnis vorhersagbar und von äußeren Faktoren abhängig ist.

Hauptgrund wieso wir über diese Struktur sprechen: Es gibt keine Operationen, die sich mit dem räumliche Abstand zwischen Flocken beschäftigen, da dieser im Rahmen der hier beschriebenen TOE nicht von Bedeutung ist. Man stelle sich eine Megaflocke im Raum vor, der sich ausdehnt oder sich verformt. Durch Einflüsse von außen verändert sich ständig der Zustand des Objektes.

Die Megaflocken erlauben die Konstruktion von sehr vielen Pathologien. Die Flockentheorie beschäftigt sich deshalb mit spezielleren Räumen, die als Flockenräume bezeichnet werden.

4. Grundüberlegungen in Richtung Weltformel

4.1 Die Philosophie der Formel

Zuerst machen wir eine kleine Einführung um ein Verständnis zu bekommen, was eigentlich eine Formel ist bzw. was darunter zu verstehen ist. Es soll die Philosophie der Theorie der Formel geklärt werden.

Die Formel ist eine Operation mit Informationen. Diese schafft aus den vorgegebenen Informationen eine neue Information. Jede Formel gilt nur für ein bestimmtes Umfeld, d.h. sie hat einen Gültigkeitsbereich, Bedingungen, Voraussetzungen usw.

All das zusammen bildet eine kleine eigene Theorie mit ihrer eigenen Philosophie eines konkreten Umfelds.

Die Philosophie der Flächenberechnung scheint auf den ersten Blick relativ einfach zu sein. Bei einem näheren Hinsehen wird deutlich, dass egal welche Werte **a** und **b** annehmen können, man die Fläche mit der Multiplikation **a∗b** berechnet. Selbstverständlich gilt das nur für „Euklid Geometrie", d.h. die Figur sollte unter anderem rechteckig sein. Es ist auch bekannt, dass für die „nicht Euklid Geometrie" die Fläche **ungleich a∗b** sein könnte. Dies soll hier nicht weiter vertieft werden, doch diese Situation verlangt die Entwicklung der gesamten Flächentheorie, sodass sie uns je nach Situation immer gültige Ergebnisse liefert.

Nach unserer Analyse einer Formel kommen wir schnell zum Entschluss, dass die Formel ohne die eigene Philosophie einfach wertlos ist, da beim falschen Ansatz unsinnige Ergebnisse bzw. Informationen herauskommen.

Diese Vorgehensweise mag für viele ungewöhnlich klingen, weil darüber meist nicht gesprochen wird oder es wird einfach nicht erwähnt. Der philosophische Hintergrund bleibt dabei oft unsichtbar vom Anwender. Das macht manchmal sehr große Schwierigkeiten für die Schlussfolgerungen. Manchmal werden philosophische Hintergründe missbraucht oder manipuliert, um zu einem gewünschten Ziel zu kommen. Es ist auch klar, dass eine solche Schlussfolgerung nicht der vollständigen Wahrheit entspricht.

Um bei Flocken zu bleiben, ziehen wir eine Parallele zu unserer Flächenberechnungstheorie. Flächenberechnung beispielweise für ein Rechteck kann auch eine Flocke bzw. Megaflocke präsentieren mit zwei Eingängen, innerer Verarbeitung und einer Ergebnismenge als Ausgang.

4.2 Was ist unter der Weltformel zu verstehen?

Unter Weltformel versteht man eine **Theorie,** welche die grundlegende Denkweise definiert. Sie operiert nur mit Grundelementen und beschreibt die Mittel wie mit solchen Bausteinen zu operieren ist. Im Unterschied zu einfachen, normalen Formeln sollte die Weltformel mit der gesamten Information das Universums umgehen können.

Es ist ebenfalls wichtig zu erwähnen, dass eine TOE – Mathematik noch zu entwickeln ist, um mit Flocken als Komponenten zu operieren. Im Allgemeinen ist die Mathematik in der Lage mit unterschiedlichen abstrakten Objekten, die mit der Realität sehr oft nichts zu tun haben, zu arbeiten. Die Stringtheorie beispielsweise ist aus dem rein mathematischen abstrakten Bereich entstanden und hat auch wenig mit der Realität zu tun.

Die Weltformel kann man sich auch wie ein Prisma vorstellen, durch welches ein Lichtstrahl fällt. Dabei wird das Licht in unterschiedliche Farben zerlegt (Rot, Blau und Gelb als Basisfarben mit denen vielseitige Farbkombinationen gebildet werden können).

Wenn wir anstatt von Licht die gesamten Informationen des Universums durch die Weltformel (ähnlich wie durch ein Prisma) durchstrahlen, sollte es möglich sein, zum gewünschten Ziel zu gelangen. Auch hier sind eine Vielzahl von Ergebnissen möglich.

Die Weltformel ist auch als ein mathematischer **Satz** zu verstehen, der als Basis für alle möglichen Schlussfolgerungen vorliegt. Das bedeutet, wie eine gesamte Information zerlegt oder wieder vereinigt werden kann. Auf das Prisma-Beispiel bezogen, sollte die Weltformel einer Zerlegungs- oder Vereinigungsregel entsprechen.

Die Weltformel ist auch als eine **Formel** zu sehen, die überall einsetzbar ist, gleichgültig bei welchem Problem oder welcher Aufgabe.

Aus den Überlegungen könnte man schließen, dass eine **Weltformel als eine Formel, als Satz wie auch als eine Theorie** zu verstehen ist. Die Weltformel akkumuliert oder beschreibt die gesamten Informationen über das gesamte Universum.

Wenn wir die gesamten Informationen des Universum in einem Topf sammeln, dann sollte uns die Weltformel die Möglichkeit geben, eine bestimmte Information rauszufiltern und für ein bestimmtes Anwendungsgebiet zur Verfügung zustellen. Genau das ist der Sinn der Sache. Genau darum geht, es wenn von der Weltformel gesprochen wird.

4.3 Inhalt der Weltformel

Die Weltformel liefert nie ein einzige Ergebnis, sondern stets eine Menge von Lösungen. Es ist wichtig von einer Ziellösungsmenge zu sprechen. Mit der Weltformel könnte man sowohl vom **Ist-Zustand** auf den **Zielzustand** schließen, als auch umgekehrt.

Die Weltformel könnte formal folgendermaßen dargestellt sein:

$$I_i = WF_i(I),$$

I   - gesamte Informationsmenge

WF_i - Weltformel welche Informationsmenge vom Typ i rausfiltert

I_i - Ergebnisinformationsmenge

Andererseits könnte sie auch folgendermaßen aussehen:

$$I_{erg} = \underset{i \in \Psi}{\Omega}$$

I_{erg} - Ergebnisinformationsmenge,

Ω - Operationen mit Informationen

i   - Informationen

Ψ - gesamte Informationsmenge

Als Beispiel für die Fläche eines Vierecks ergibt sich:

$$I_{erg} = \underset{i \in \Psi}{\Omega} \Rightarrow a * b$$

a und **b** sind Werte aus der Menge Ψ

I_{erg} ist die Ergebnismenge.

$\Omega = \{*\}$ stellt eine Menge von Operationen dar.

Ein Beispiel für eine grobe Zerlegung (Filterung):

Mit Zahlen kann man unterschiedliche Größe und Eigenschaften beschreiben (Zum Beispiel Gewicht 1 kg , Kosten 1 €, Körpertemperatur 36,7°C und so weiter). Unter Denken verstehen wir ein Denkvermögen in einem bestimmten Bereich. Denken ist auch eine Informationsoperation. Philosophisch gesehen, ist Denken eine Möglichkeit aus einer bestimmten Menge von Informationen einige weitere Schlussfolgerungen (Informationen) zu ziehen.

     Gedanke + Zahl (Allgemein) = Philosophie

     Gedanke + Zahl (Abstrakt) = Mathematik

     Gedanke + Zahl (Physikalischer Hintergrund) = Physik

     Gedanke + Zahl (Chemischer Hintergrund)= Chemie

     Gedanke + Zahl (Wirtschaftlicher Hintergrund) = Ökonomik usw.

Ein weiteres Bespiel für die Weltformel könnte der Mensch selbst sein. Jeder hat eine eigene Philosophie und grob gesagt ein eigenes Prisma für die Informationen welche er von außen bekommt. Wie der Mensch jetzt mit den Informationen, welche im zur Verfügung stehen umgeht, hängt von seiner inneren Einstellung ab.

Der Mensch ist ein sehr weit entwickelter Zustand. Er ist in der Lage selbst Einflüsse zu steuern und Daten zu manipulieren. Er ist kein Zufall, sondern Spiegel der gesamten Entwicklung. Somit ist er keine Abweichung von der Entwicklung oder etwas Außergewöhnliches. Um vieles von der Welt oder vom Universum zu erfahren, reicht es einfach in sich selbst hineinzuschauen.

Alles was dort zu finden ist, trifft auch für das gesamte Universum zu.

Es gab schon etliche Ansätze, die Weltformel zu finden. Einstein, Heisenberg und wie die Suchenden auch alle hießen mögen. Die Meisten gehen davon aus, die Weltformel müsse eine Gleichung sein. Nur so gesehen könnte man

$$E = W(E)$$

als Weltformel formulieren.

Gleichungen kommen in der Natur nicht vor (nur in der abstrakten Mathematik oder Physik). Sie sind Vereinfachungen, die statt Ähnlichkeit Gleichheit annehmen. Jedoch ist das Universum oder jeder beliebig kleine Teil davon nur sich selbst gleich und somit verbietet sich das Gleichheitszeichen. Auch hierzu ein Beispiel:

In der Schule wurde uns beigebracht, man könne Äpfel mit Äpfeln addieren und mit Birnen nicht. Das ist richtig, solange man das Ding, welches der Begriff Apfel bezeichnet, nicht genauer betrachtet. Sorte, Molekularstruktur, Madengehalt und Vieles mehr gestatten die Zusammenfassung zu 'zwei Äpfel' nicht mehr. Betrachtet man dagegen Apfel und Birne jeweils als Frucht, kann man auch sie zu 'zwei Früchte' addieren. Die Ähnlichkeit besteht im willkürlich verwendeten Begriff.

Aus diesen Gründen kann die Weltformel nur beschreiben, wie sich beliebige Teile der Welt verhalten. Das bedeutet, ihre Betrachtung muss sich auf jeweils zwei Dinge beziehen, deren Wechselwirkung und die Auswirkungen auf den Rest des Universums.

Darüber hinaus muss sie ihre eigene Existenz erklären. Dies soll hier nun auch kurz erläutert werden:

Die Naturwissenschaften, Philosophie und Religionen haben etliche unterschiedliche Modelle beschrieben für die Welt als Ganzes und jedes Teil vom Ganzem. Um eine

Weltformel zu formulieren, muss ein Nenner gefunden werden, in dem sich alle unterschiedlichen Ansätze oder Bereiche wiederfinden.

4.4 TOE als Fachgebiet

Nach Meinung des Autors ist die klassische Physik, oder egal welches andere Fach, nicht in der Lage eine allumfassende Wissenschaft zu sein. Dies soll keine Beleidigung sein, sondern ein Fakt.

Die Weltformel sollte nicht nur rein physikalische Gesetze umfassen, sondern auch soziale, biologische und so weiter. Es ist unmöglich, das die eine oder andere spezielle wissenschaftliche Richtung eine Chance hat, ein Ergebnis zu erreichen. Es sollte ein Wissenschaftsgebiet gebildet werden, welches mit Hilfe der Flockentheorie eine Basis für alle anderen Gebiete bildet. Nur so eine Wissenschaft ist in der Lage, das gesamte Wissen zu akkumulieren und zu einem Ergebnis kommen. Nur danach könnten die anderen Wissenschaftsrichtungen das Ergebnis an das eigene Umfeld anpassen und einsetzen. Die klassische Mathematik hat in dieser Richtung mehr freie Bewegung und mehr Möglichkeiten. Sie hat schon in fast allen wissenschaftlichen Richtungen einen Platz gefunden. Aber nur Mathematisch wird das auch nicht möglich sein. Nur die TOE Theorie könnten uns dabei helfen.

5. die Weltformel

Als Einzelfaktoren sind

E	Energie,
E_v	Energieart
t	Zeit
W	Entwicklung
Tr	Transformation
K	Kommunikation
K_F	Kommunikationsfelder
K_K	Kommunikationskanäle

Zusammenhänge:

$K(K_F,t)$	Kommunikation innerhalb der Zeit im Kommunikationsfeld
$Tr(Ev,K(K_F,t))$	Transformation
$W = Tr_n(Tr_{n-1}(Tr_{n-2}(....)))$	Entwicklung

oder

W= Ω (Tr$_i$)

Operatoren:

Ω - Union von Aktionen (z.B. Transformationen)

Ω_i - Union von Transformationen **i** = Anzahl der Transformationen

Ω_m - Union von Kommunikationskanälen **m** = Anzahl der Kommunikationskanäle

Tr$_j$ - Transformation, **j** = Bezeichnung der Transformation

$\Sigma_n K_n$ - Summe von n-Kommunikationen mit unterschiedlichen Kommunikations-kanälen

E=W(E)

Die Entwicklung **W** der Energie **E** bleibt weiterhin eine Energie **E** in demselben oder einem anderen Zustand.

Oder

W= Ω_i(Tr$_j$(E$_v$, Ω_mK$_n$(Σ_nK$_{Fn}$,T$_n$)))

Die Entwicklung **W** ist eine Zusammenfassung von Kombinationen Ω_i von Transformationen **Tr$_j$** mit der jeweiligen Energieart **E$_v$** und **n** Kommunikationsarten.

Sicherlich ist diese Formulierung zu allgemein und nicht sofort für eine bestimmte Problematik einsetzbar. Um diese Formel einzusetzen zu können muss eine Aufgabe exakt formuliert und alle notwendige Informationen zur Verfügung gestellt werden.

Um einige Anwendungsmöglichkeiten zu demonstrieren, soll die obige Formel in der Art vereinfacht werden, als dass nur die Entwicklung W_v einer bestimmten Energieart E_v betrachtet wird.

W$_v$= Ω_nK$_n$(Σ_nK$_{Fn}$,T$_n$)

Im nächsten Schritt wird diese Formel in die Innere und Äußere Kommunikation zerlegt:

W$_v$= (Ω_{in}K$_{in}$(Σ_{in}K$_{Fin}$,T$_{in}$)) Ω (Ω_{an}K$_{an}$(Σ_{an}K$_{Fan}$,T$_{an}$))

Für einige Situationen können Kommunikationsfelder und Kommunikationszeit unberücksichtigt bleiben. Die Formel nimmt dann folgende Form an:

W$_v$= (Ω_{in}K$_{in}$) Ω(Ω_{an}K$_{an}$)

Wenn nun auch noch die Innere Entwicklung ausgeschlossen wird, dann gilt:

$W_V= \Omega_{an}K_{an}$

Dies bedeutet, dass die Entwicklung ein Folge der Union von Kommunikationen ist.

6. Anwendungsbeispiele für die Weltformel

Beispiel I

Es existiert eine Primitive Lebensform auf einem Planeten, auf nur an zwei Tagen im Jahr die Sonne scheint. An allen anderen Tagen regnet es.

Die Lebewesen haben nur ein Lebensmittel, nämlich Mais. Sie üben nur drei Beschäftigungsarten aus: Pflanzen, Ernten oder Essen. Gepflanzt oder geerntet kann nur an den zwei Sonnentagen. Die Lebewesen haben keinen Kalender oder andere Informationen zur Verfügung.

Frage: Wie können wir mit unserer Formel so eine Gesellschaft beschreiben?

$$W_V= (\Omega in Kin(\textstyle\sum in KFin,Tin))\ \Omega\ (\Omega an Kan(\textstyle\sum an KFan,Tan))$$

Für diesen Fall können wir die Elemente in der Formel auslassen, welche mit Übertragungsfeldern und Zeit verbunden sind.

$$W_V= (\Omega in Kin)\ \Omega\ (\Omega an Kan)$$

Es bleiben nur die Union von Innerer und Äußerer Kommunikation übrig.

Innere Kommunikation (Denkmöglichkeit)
Wenn die Sonne scheint und die Felder leer sind, dann muss gepflanzt werden.
Wenn die Sonne scheint und die Felder voll sind, dann muss geerntet werden.
Wenn keine Sonne scheint, dann wird gegessen.

$\Omega_{in}K_{in}$ (Wenn die Sonne scheint und die Felder leer sind, dann muss gepflanzt werden; Wenn die Sonne scheint und die Felder voll sind, dann muss geerntet werden; Wenn keine Sonne scheint, dann wird gegessen.)

Äußere Kommunikation (Natur)

Die Sonne scheint.
Es regnet.
Der Feldzustand

$\Omega_{an}K_{an}$ (Die Sonne scheint; Es regnet; Der Feldzustand)

$W_v = (\Omega_{im}K_{in}) \; \Omega \; (\Omega_{an}K_{an})$ = (Die Sonne scheint; Es regnet; Der Feldzustand) Ω (Wenn die Sonne scheint und die Felder leer sind, dann muss gepflanzt werden; Wenn die Sonne scheint und die Felder voll sind, dann muss geerntet werden; Wenn keine Sonne scheint, dann wird gegessen.)

Alle möglichen Varianten sind damit beschrieben.

Die Entwicklung **W** ist nicht nur wie oben beschrieben, eine Kombination von Innerer und Äußerer Kommunikation, sondern auch die Kette von Transformationen.

$W = T_n(T_{n-1}(T_{n-2}(....)))$

Oder

$W = U(T_i)$

Die einzelnen Transformationen T_N sehen folgendermaßen aus:

$T = (\Omega_{im}K_{in})\Omega \; (\Omega_{an}K_{an})$

Beispiel II

Die Fläche einer Figur

Innere Kommunikation

wenn die Figur ein Kreis ist mit dem Radius **r**: **S = πr²**
wenn die Figur ein Dreieck ist mit der Basis **a** und der Höhe **h**: **S = a∗h/2**
wenn die Figur ein Viereck mit der Länge **a** und der Breite **b** ist: **S = a∗b**

$\Omega_{im}K_{in}$ (wenn die Figur ein Kreis ist mit dem Radius **r**: **S = πr²**; wenn die Figur ein Dreieck ist mit der Basis **a** und der Höhe **h**: **S = a∗h/2**; wenn die Figur ein Viereck mit der Länge **a** und der Breite **b** ist: **S = a∗b**)

Äußere Kommunikation (Natur)

Ein Kreis wird gewählt.
Ein Dreieck wird gewählt.
Ein Viereck wird gewählt.

$\Omega_{an}K_{an}$ (Ein Kreis wird gewählt; Ein Dreieck wird gewählt; Ein Viereck wird gewählt)

$$(\Omega_{im}K_{in})\Omega\ (\Omega_{an}K_{an})$$

(Ein Kreis wird gewählt; Ein Dreieck wird gewählt; Ein Viereck wird gewählt) Ω (wenn die Figur ein Kreis ist mit dem Radius **r**: **S = πr^2**; wenn die Figur ein Dreieck ist mit der Basis **a** und der Höhe **h**: **S = a∗h/2**; wenn die Figur ein Viereck mit der Länge **a** und der Breite **b** ist: **S = a∗b**)

7. Schlusswort

Die Entwicklung ist nicht nur für eine kurze Strecke zu betrachten, es ist ein ständiger ununterbrochener Prozess, vom Staub bis zur Lebensform und weiter zum Menschen. Zivilisation ist auch nicht von der allgemeinen Entwicklung trennbar. Es ist sehr schwer eine genaue Grenze zu definieren, oder zu ermitteln wann ein Zustand endet und wann ein ganz neuer Zustand entsteht. Sogar der Übergang von nichtlebender Materie zu einer lebendigen Form ist nicht genau zu erkennen. Das gilt für alle Entwicklungsstufen der Energie und Materie.

Es wurden sehr viele Interviews, Artikel und Bücher zur Weltformelthematik veröffentlicht. Es existieren Unmengen von Foren die sich mit dieser Thematik intensiv beschäftigen.

Aber in letzter Zeit werden immer öfter und immer mehr Meinungen ausgesprochen, welche die Weltformel in Frage stellen. Es ist auch berechtigt, weil mit Hilfe des heutigen klassischen Ansatzes ist es wirklich unmöglich eine TOE zu formulieren.

Die Wissenschaft hat en große Menge von Wissens gesammelt, und es ist jetzt nur die Frage ob es möglich ist, dieses ganze Wissen zu vereinigen.

Es muss ganz klar sein, dass wenn eine Weltformel (TOE) formuliert werden soll, auch der Ansatz, die Basis bzw. das Fundament stimmen muss. Es müssen auch allgemeingültige Regeln und Gesetze formuliert werden, welche in allen Bereichen einsetzbar sind, egal ob es sich um Mikro, Makro oder um die Gesellschaft handelt. Dieser Artikel sollte beschreiben wie alles entsteht, wie es sich entwickelt, welche Gesetze und Regeln in der Mikrowelt, in Gebilden, im Universum und in der Gesellschaft herrschen. Der Mensch als Spitze der Entwicklung besitzt nicht nur alle Eigenschaften dieser Entwicklung, sondern kann sich selbst in ihr wieder entdecken, bewerten und weiterentwickeln.

In allen Bereichen mit denen wir uns beschäftigen, sollten die Denk- bzw. Vorgehensweisen auf der gleichen Grundbasis und Grundphilosophie aufgebaut sein.

Diese Theorie hat nicht das Ziel andere Theorien zu widerlegen oder Kenntnissen zu widersprechen, welche in einem bestimmten Umfeld gelten, sondern sie stellt eine Theorie dar, mit welcher sich all dieses Wissen Verallgemeinern lässt.

Diese Theorie hat allgemeingültige Mittel und Regeln zur Lösungsbeschreibung, bzw. macht sie es möglich, die eine oder andere vermutende Lösung prüfen zu lassen.

Die TOE liefert keine Lösung oder Antwort auf alles, sondern den Weg zur Antwort auf alles.